6 数与代数

柠檬树和橙子树

减法运算

贺 洁 薛 晨◎著 张 猛◎绘

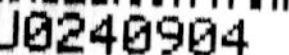

北京科学技术出版社

懒惰鼠家门前有一棵柠檬树，上面结了酸掉牙的柠檬；捣蛋鼠家门前有一棵橙子树，上面结了小太阳似的橙子。

不过，懒惰鼠从小就不喜欢柠檬，他喜欢橙子；捣蛋鼠从小就不喜欢橙子，他喜欢柠檬。

懒惰鼠每天都会在捣蛋鼠家门口停一会儿，数一数树上的橙子：“1、2、3、4、5、6、7、8、9、10。”

接着，懒惰鼠还会数一数自己家的柠檬：“1、2、3、4、5、6、7、8、9。”昨天，懒惰鼠的妈妈用从树上摘的柠檬做了柠檬水，真酸啊。

“懒惰鼠，懒惰鼠，昨天我看到你们家的柠檬树上有 10 个柠檬，能做好多柠檬蛋糕吧！”捣蛋鼠羡慕地说。

“今天早上树上只有 9 个柠檬了。”懒惰鼠回答。

这时，在一旁听到他们对话的学霸鼠跳到黑板前，拿起粉笔，写下一个问题。

倒霉鼠接过学霸鼠手中的粉笔，在黑板上迅速画了 10 个柠檬。接着，他把 10 个柠檬中的 9 个圈起来。数一数黑板上还剩几个柠檬没被圈起来，问题就解决啦！

“太麻烦了，做一道题要画那么多柠檬。”懒惰鼠拿出一些小棒，“用小棒代表柠檬不就行啦？”

这时，倒霉鼠想到了另一个方法："我们已经学过了加法，这道题的意思就是 9 加几等于 10。"鼠宝贝们投来钦佩的目光，看来倒霉鼠最近学加法很用功！

美丽鼠说：“这道题其实更适合用减法计算。已知整体和其中一部分，求另一部分就可以用减法计算。”

“我也列个算式吧！我们可以把 10 个柠檬看成一个整体，”美丽鼠补充道，“从这个整体中去掉一部分，就能算出剩余的部分。”

$$10 - 9 = 1$$

被减数　减号　减数　差

鼠老师在一旁笑眯眯地听大家讨论，并说道：“美丽鼠讲得很好。这里的10可以看作整体，在算式中叫作被减数。9叫作减数，等号后面的部分叫作差。”

学霸鼠很喜欢向老师请教：“老师，我常用计数器计算减法。例如，15−2，直接在个位上拨去 2 颗珠子，就知道结果是 13。可是遇到 12−5，我就不知道该怎么办了，还有其他计算方法吗？”

鼠老师没直接回答学霸鼠的问题，而是说：“上法宝！”倒霉鼠心领神会，赶紧把大尺子拿了过来。

只见鼠老师在黑板上画了一条数轴。

鼠老师告诉大家："接下来，大家一起在数轴上'跳房子'吧！从被减数开始，减数是几，就往回跳几下。来，开始吧！"

1 下！ 2 下！ 3 下！ 4 下！ 5 下！

跳了 5 下之后，让我们看看箭头指在哪个数字上了？7！ 12 减 5 的结果是 7。

“做减法不仅可以用‘跳房子’的方法，还可以用拆分的方法！把减数5分成2和3，先用12减2，得到10。10减一位数的口算就简单了，立刻就能得出结果。”

捣蛋鼠也不是总捣蛋，有时候也挺有创意的！

“捣蛋鼠啊，我用 9 个柠檬换你的 8 个橙子，可以吗？”懒惰鼠问道。

“好呀！9 比 8 多 1！”捣蛋鼠爽快地答应了！

减法不仅可以表示从整体中去掉一部分，看看剩下部分的数量；还可以表示一个数比另一个数多几，或是一个数比另一个数少几。

“同学们，想一想‘17−9=8’可以解决我们生活中的什么问题。”鼠老师说。这可难不倒鼠宝贝们，因为他们已经学会减法啦。

“大蚂蚁班的 16 位同学在教室里打扫卫生，3 位在扫地，5 位在拖地，其余的在擦桌子。擦桌子的有几位同学？”学霸鼠写作业时还额外想了一道连减题。

还有多少?

从整体中去掉一部分，求剩余部分的数量，可以用减法。

树上一共有 17 个苹果，其中有 9 个被贪吃的小虫咬了洞，剩下几个苹果没有被虫咬?

哪个多，哪个少?

比较两个数相差多少，可以用减法。

社区里一共有 9 个鼠宝贝，还有 17 个青蛙宝贝。那么，鼠宝贝比青蛙宝贝少多少?

减法计算的方法

读完故事，你能说出几种计算减法的方法?